S

(2.)

MÉMOIRE GÉOLOGIQUE

SUR LES

ENVIRONS DE BAYONNE

ET

SUR LA NON-POSSIBILITÉ

D'Y TROUVER

DE LA HOUILLE;

PAR M. JULES GINDRE,

INGÉNIEUR CIVIL DES MINES.

PARIS.

CARILIAN-GOEURY et Vᵉ DALMONT,

LIBRAIRES DES CORPS ROYAUX DES PONTS ET CHAUSSÉES ET DES MINES,

Quai des Augustins, nᵒˢ 39 et 41.

1840.

MÉMOIRE GÉOLOGIQUE

sur

LES ENVIRONS DE BAYONNE

et

SUR LA NON-POSSIBILITÉ

D'Y TROUVER DE LA HOUILLE.

———

Tout en me proposant dans ce mémoire un examen général des terrains des environs de Bayonne, j'ai surtout en vue de résoudre les questions de géologie appliquée qui sont d'un intérêt tout local. La croyance généralement admise que les chaînes de montagnes sont riches en mines, a donné lieu à bien des tentatives infructueuses ; mais c'est la recherche de la houille qui préoccupe le plus, et quelques bons esprits, frappés de l'aptitude industrielle de la ville de Bayonne, de sa position au confluent de deux rivières, et surtout de la rareté du bois, qui tous les jours se fait sentir davantage, ont souvent désiré que ce combustible minéral pût se trouver sur les bords de l'Adour ou dans les nombreuses collines qui forment le pied de la grande chaîne des Pyrénées. La recherche de la houille est l'idée dominante de toutes les personnes qui ont de vrais projets industriels ; mais la non-possibilité d'une pareille

I

découverte ne me paraît que trop bien prouvée. La nature des terrains qui composent le sol des environs de Bayonne, leurs superpositions bien nettes et apparentes sur un grand nombre de points, ne doivent pas laisser le moindre doute à cet égard. Les vrais terrains carbonifères manquent partout, et tous les travaux entrepris jusqu'à ce jour ont été provoqués par de fausses apparences.

Terrains supra-crétacés. Les terrains tertiaires ou supra-crétacés, qui forment le sol sur lequel Bayonne est bâtie, qui à l'ouest ne s'étendent guère au delà de Biarritz, et qui enfin sur la rive droite de l'Adour couvrent la presque totalité des Landes jusqu'à Bordeaux, sont représentés par les formations du grès marin supérieur et du calcaire grossier. Des bancs de grès fin coquillier et de nombreuses couches de marnes argileuses, d'argile sableuse, en alternant ensemble, constituent quelquefois sur un grand nombre de points une épaisseur considérable, et c'est dans le haut de ce terrain marin supérieur que se trouvent, par petites couches, nids ou amas qui n'affectent aucune régularité, les minerais de fer hydroxydé des Landes, exploités à ciel ouvert pour les usines du pays.

Les couches supérieures de grès ou d'argile sableuse donnent lieu par leur désagrégation à la formation du sable des Landes, de ce sable qui presque toujours doit être considéré comme la couche de terre végétale de cette contrée, puisqu'il a été produit aux dépens des roches du sol. L'action de la mer sur le sol tertiaire qui la porte, aide puissamment cette facilité de désagrégation, et donne naissance à ces énormes masses de sable que les vagues rejettent sur le rivage, que les vents transportent et amoncellent assez loin dans les terres, pour former ces étranges dunes dont les effets désastreux sont trop connus pour qu'il soit nécessaire de les rappeler.

Ce groupe supérieur de grès tendre et d'argile sableuse, dont la teinte est jaune ou blanche, recouvre habituellement et surtout sur la rive droite de l'Adour, des couches de marnes argilo-sableuses d'un gris bleuâtre, qui alternent avec des lits de sables noirs et jaunes. Des marnes argileuses bleuâtres, tenaces, en couches excessivement puissantes, se trouvent également associées aux diverses assises qui composent cet étage inférieur du terrain marin supérieur, que l'on voit sur plusieurs points recouvrir directement et sans intermédiaire le calcaire grossier exploité souvent comme pierre à chaux et comme pierre à bâtir. Ce calcaire grossier est le prolongement, probablement non interrompu, de celui des bords de la Dordogne et de la Gironde, et on peut en constater fréquemment la présence dans l'étendue des Landes. Ici, dans les environs de Bayonne proprement dits, les terrains tertiaires paraissent n'être représentés que par le groupe marin supérieur, et par le calcaire grossier qui repose toujours directement sur la craie. Les terrains d'eau douce, soit supérieur, soit inférieur au calcaire grossier, manquent complétement, à moins qu'on ne se décide à voir la formation de l'argile plastique dans une couche à peu près insignifiante d'argile noirâtre, qui quelquefois se trouve à la jonction du terrain tertiaire et de la craie. Les deux formations marines supra-crétacées paraissent s'être suivies sans interruption, car les deux terrains passent réellement de l'un à l'autre; le point de séparation serait chose fort difficile, sinon impossible à indiquer, et l'on ne peut y apercevoir des traces de formations lacustres.

C'est dans les environs de Dax que se trouve le plus grand nombre de coquilles fossiles caractéristiques de ces formations marines, telles que Cérites, Turritelles, Nérites, Olives, Cancellaires, Pleurotomes, Huîtres, Arches, Vénéricardes, etc. Plus près de Bayonne, ces fossiles, qui à Dax sont dans un état de conservation parfaite, ne sont plus guère représentés que par des moules de la coquille. Les grès calcarifères de Biarritz, les analogues du grès et des sables des Landes, renferment surtout une prodigieuse quantité de petits Nummulites, la *Nummulites lævigata*, indiquée par M. Alex. Brongniart comme caractéristique de cet étage.

Le terrain tertiaire des Landes offre de l'intérêt sous le point de vue industriel. La couche de sable ou la partie désagrégée des couches de grès et d'argile sableuse recèle, ainsi que je l'ai déjà dit, par nids ou amas d'une manière fort irrégulière, du minerai de fer hydroxydé argileux, et ces gîtes toujours très-voisins de la surface, sont en général de peu d'étendue, mais assez nombreux et rapprochés les uns des autres. La recherche et l'exploitation du minerai sont fort simples, et on le sépare par le lavage du sable qui lui sert de gangue; il se trouve en grains ou en grandes plaques de 80 à 50 centimètres d'épaisseur; son gisement paraît être tout à fait accidentel et n'avoir aucun des caractères d'une formation régulière contemporaine du terrain qui le renferme. Chaque amas est presque toujours dans de petits bas-fonds de sable, où le minerai n'est sans doute que le résultat de l'accumulation de débris de végétaux imprégnés d'une liqueur ferrugineuse. La plupart des morceaux de minerai de fer ont une forme ligneuse ; on y distingue très-bien du bois, de l'écorce, des feuilles, des glands, etc. ; c'est un composé de racines, de feuilles, de fruits, entassés pêle-mêle, changés en hydroxyde de fer dans une gangue de sable et d'argile. Ces singuliers gîtes de minerai de fer, dont la formation a été évidemment aidée par la disposition des lieux, favorable à l'accumulation de débris de végétaux imprégnés lentement et minéralisés par l'eau ferrugineuse arrivant dans chaque bas-fond, ont infiniment d'analogie avec les gisements de fer hydraté limoneux, ou mine des marais, retiré du fond des marais en Sibérie, en Courlande et en Livonie. Là ce sont aussi des débris de végétaux qui sont changés en minerai de fer, et il paraît bien positif que cette formation a lieu d'une manière incessante. Il est donc probable qu'à une certaine époque les petits bas-fonds, qui dans les Landes à un mètre ou deux de profondeur, renferment du minerai de fer, étaient des réservoirs d'eau dans lesquels des corps organisés mêlés à du sable et à de l'argile se sont imprégnés d'oxyde de fer, et ce mode de formation, qui a toujours dû admettre la présence de restes de corps d'animaux, explique pourquoi les minerais de fer limoneux contiennent généralement une légère dose d'acide phosphorique.

On sait combien l'exploitation de ce minerai est importante, et qu'il est à peu de chose près le seul qui alimente les usines des Landes. L'espèce en grains est habituellement plus riche, et produit du fer de meilleure qualité que celle qui est en petites masses aplaties. La nature irrégulière de ces gisements permet peu d'en apprécier l'importance réelle; l'observation, les déductions par analogie, et aussi le hasard peuvent seuls amener la découverte de nouveaux gîtes, à mesure que ceux qui sont exploités s'épuisent; et telle usine, qui souvent a des craintes pour son avenir, se verra rassurée par la rencontre inattendue d'autres amas ou cantons métallifères.

Les petites couches de fer hydroxydé que l'on rencontre communément intercalées dans les lits des marnes sableuses et des roches arénacées, et qui par conséquent ne sont point superficielles, mais bien contemporaines des roches qui les renferment, sont presque toujours fort peu importantes à cause de leur faible puissance et de leurs allures irrégulières. Dans les environs de Saint-Sever, ce minerai est plus particulièrement associé à des couches d'argile dans lesquelles M. Léon Dufour a trouvé la lenzinite, qui est un bisilicate d'alumine.

Le terrain tertiaire des bords de l'Adour est depuis quelque temps l'objet d'un examen tout particulier pour la recherche du bitume et du charbon. Les amas de bitume exploités à Bastène près de Dax, sont les gisements les plus importants; les autres sont loin d'être aussi riches; mais d'après la nature et la manière d'être de ces divers dépôts, on ne saurait voir dans les bitumes des Landes que des amas isolés, accidentels, sur la vraie richesse desquels on ne peut avoir une opinion un peu juste. Le minerai de bitume est presque toujours du sable agglutiné par du bitume, qui en même temps a enveloppé des corps organisés fossiles, tels que des coquilles et des dents de squale. L'association de la roche, connue gé-

néralement sous le nom d'ophite, avec le bitume,
paraît un fait si bien établi qu'il serait difficile
de ne pas admettre que la présence de celui-ci
n'est pas intimement liée à celle de cette roche
d'origine ignée.

Les grès bitumineux ou minerai de bitume qui
rendent 25 pour cent après avoir été traités, reposent immédiatement sur de l'ophite terreux,
et au château de Gaujac, il suinte de cette roche
des filets d'eau sur laquelle surnage du bitume
pur que l'on recueille facilement, circonstance
qui doit en quelque sorte faire assimiler ce gisement à celui de bitume liquide du Puy-de-la-
Poix, à peu de distance de Clermont-Ferrant.
Ces dépôts bitumineux ont, par rapport au terrain
tertiaire, un caractère d'indépendance parfaitement défini; leur formation est tout accidentelle; elle est postérieure aux couches arénacées
et argileuses dans lesquelles ils se trouvent, car
leur âge est indiqué par la présence du porphyre,
et au sujet de leur étendue et de leur richesse, on
ne saurait admettre que ce qui s'offre à la vue.

Les gisements de lignite, combustible minéral particulier aux formations tertiaires, qui ont
fait regarder le terrain des Landes comme une
vraie formation houillère, et qui en lui prêtant
plus d'importance qu'il n'en mérite ont provoqué
des travaux de recherches infructueux, se sont
toujours montrés jusqu'à présent dans des conditions assez défavorables. Le lignite constitue des
couches ou amas fort peu étendus, au milieu de
bancs puissants de marnes argileuses, de sables
noirâtres argileux, dans lesquels on rencontre
plusieurs coquilles fossiles caractéristiques du calcaire grossier : des cérites, des turritelles, des

cardium, etc. Ces marnes, plus ou moins calcarifères, alternent aussi avec des couches argilo-
sableuses, noires, bitumineuses, fortement pyri-
teuses et mélangées d'une assez grande quantité
de petits morceaux de lignites de la grosseur d'un
pois ou d'une fève.

Partout où le lignite forme une couche ou un
amas, il est feuilleté, il conserve la texture du
bois qui lui a donné naissance, et la présence d'une
forte proportion de fer sulfuré fait que ce combustible est susceptible de l'inflammation spontanée,
dès qu'il est extrait et exposé à l'air pendant quelque temps. Sur un point seulement, à Saint-Lon,
le lignite est en amas aplatis ou couches courtes
d'une étendue plus grande que partout ailleurs,
et plus susceptibles d'une exploitation régulière.
La qualité en est notablement meilleure ; toutefois quelques parties de ce gisement renferment
également des pyrites, et les schistes marneux et
le sable mélangés avec le lignite diminuent de
beaucoup la quantité de chaleur dégagée dans la
combustion ; ce qui n'empêche pas que ce charbon
soit extrêmement précieux pour la cuisson de la
chaux et des briques ; on a même pu l'employer
dans un four de verrerie.

D'autres gisements plus rapprochés de
Bayonne, sur la rive droite de l'Adour, sont
d'une importance nulle, soit pour la qualité du
combustible soit pour la puissance des couches ;
on ne peut les regarder que comme des amas
aplatis, sans continuité dans le sens de la direction et de l'inclinaison. Dans la commune de Saint-
Barthélemy, à la hauteur de l'île de Bérens, il
existe un affleurement de lignite terreux brun de
tabac, feuilleté et formé de la réunion de végé-

taux aplatis, parmi lesquels on distingue clairement des tiges et des feuilles de plantes dicotylé-
dones. La couche a près de deux mètres de puissance, mais le combustible en est tellement
impur, qu'après l'incinération qui ne s'opère qu'a-
vec beaucoup de difficulté, et presque sans produire de chaleur, il reste des résidus rougeâtres
d'un volume à peu près égal à celui du charbon
employé. Tout en étant impropre à la cuisson de
la chaux, je le crois apte à fournir par sa combustion spontanée à l'air, d'excellentes cendres
végétatives dont l'agriculture pourrait tirer un
parti avantageux. Alors même que ces couches de
lignite ou d'argile bitumineuse seraient exploitables sous le rapport de la qualité du combustible,
l'extraction serait excessivement difficile et coûteuse, sinon impossible, parce que le toit et le
mur qui sont des couches d'argile et de sable
d'une faible consistance et imprégnées d'eau, ren-
draient le boisage des galeries de mine presque
impraticable.

L'observation et l'expérience ont prouvé qu'un
amas d'un mètre d'épaisseur qui se présente sur un
front de plusieurs mètres, est loin d'annoncer
dans le terrain tertiaire des Landes une couche
de combustible ou une succession de plusieurs
amas placés les uns à côté des autres, et de telle
sorte qu'ils puissent être considérés comme une
couche avec des étranglements et des renflements.
Le peu d'étendue de ces amas de lignite, leur manière d'être au milieu des marnes et des argiles de
ce terrain marin tertiaire, annoncent des dépôts
circonscrits et accidentels. Lors de la formation
de l'étage moyen des terrains supra-crétacés, l'é-
tendue des Landes a dû être couverte, à de courts

intervalles et par places seulement, de forêts dont les débris accumulés dans les bas-fonds, ont donné lieu aux lignites des couches de marnes, et ces accumulations de végétaux n'ont été que restreintes et locales.

Celle des formations tertiaires qui renferme habituellement des couches de lignite exploitables, des couches étendues et régulières, manque tout à fait aux environs de Bayonne, puisque la série tertiaire s'y trouve représentée par des groupes de terrains dont les analogues, fort nombreux en France, en Europe, sont toujours insignifiants comme gisements carbonifères. La grande formation d'eau douce, désignée sous le nom de groupe marno-charbonneux, qui dans les environs de Soissons, dans le département du Gard, à Saint-Paulet, à Salinelle, et surtout dans les environs de Marseille, donne lieu à des exploitations importantes, ne se révèle nulle part dans cette contrée.

Terrain crétacé. Le terrain de craie sur lequel reposent les formations marines tertiaires des environs de Bayonne, constitue une assez large bande qui s'étend à l'ouest et au midi, jusqu'au delà de Saint-Jean-de-Luz, jusqu'à Villefranque, Mouguère, Briscous, etc., et qui à l'est se prolonge au delà de Peyrorade et de Bidache.

L'épaisseur et la composition de cette formation sont loin d'être constantes; dans les environs de Saint-Jean-de-Luz et de Bidache, le calcaire est parfaitement stratifié en couches d'une épaisseur moyenne qui fournissent d'excellentes pierres de construction. Plus près de Bayonne, à Villefranque, à Mouguère, etc., c'est de la vraie craie tufeau avec des couches de marne et d'argile, riches en fossiles ou moules de coquilles caractéristiques de la formation, telles que des Nummulites, des *Turrilites costatus*, deux ou trois espèces d'Huîtres, et des *Pacten quinque-costatus*. Dans la craie des environs de Laralde à Villefranque, se trouvent intercalées de puissantes couches de marnes bleues, qui tout en étant très-dures lorsqu'elles sont en place, se délitent et se réduisent aisément en poussière par l'exposition à l'air et aux gelées, et qui par leur forte proportion d'argile, sont très-propres à l'amendement des terres légères; aussi sont-elles employées avec succès par plusieurs propriétaires.

Des couches d'argile sableuse chloritée, alternant avec des lits non continus de silex corné, constituent par leur ensemble, le groupe auquel on donne habituellement le nom de grès vert, qui complète dans cette contrée la formation de la craie. La stratification en est assez confuse, quoiqu'on puisse distinctement reconnaître que la direction est est-ouest; l'inclinaison est tantôt vers le nord tantôt vers le sud, et les plis nombreux des couches témoignent de la dislocation qu'éprouvèrent les divers terrains, après le dépôt de la craie lors du soulèvement des Pyrénées.

Le groupe du grès vert, avec sa succession d'argile sableuse, verdâtre, jaune, chloritée, et de lits de silex, forme la plupart des collines peu élevées qui sont au point de partage entre Saint-Pée et Saint-Jean-de-Luz, et celles qui se trouvent dans les environs de Villefranque, de Mouguère, dont on peut suivre le prolongement jusqu'à Saint-Palais. Malgré l'absence presque totale de corps organisés, cet étage inférieur de la craie est nette-

ment défini, et l'étage supérieur, outre les nombreux fossiles particuliers aux marnes de Laralde,
renferme à Saint-Jean-de-Luz et à Bidache un
grand nombre de Serpules et de belles empreintes d'Algues, dont les espèces déterminées par
M. Adolphe Brongniart sont caractéristiques de
la craie : le *Fucoïdes difformis* et le *Fucoïdes
intricatus.*

Le terrain crétacé des environs de Bayonne
offre très-peu d'intérêt sous le rapport des sub-
stances métalliques et du combustible. Le fer hydroxydé que l'on y rencontre quelquefois ne se
trouve qu'en nids ou rognons; nulle part il ne
forme une couche ou un amas de quelque importance, et si les terrains de craie sont en général
pauvres en combustible, il ne m'a jamais paru
que celui-ci fût mieux partagé. Les couches de
marnes argileuses noires, dont la coloration est
bien due à du carbone, n'ont rien qui ressem-
ble à un gisement de charbon, car ce nom ne
peut en vérité être donné à quelques nids isolés
de lignite dur, brillant, qui constitue du vérita-
ble jayet. Partout où se rencontrent ces nodules
de lignite jayet, aux environs de Villefranque, de
Mouguère, de Briscous, etc., dans des couches de
marnes argileuses noires, il est associé à du suc-
cin, et on ne saurait y reconnaître des indices sérieux d'un amas ou d'une couche exploitable. Cette absence de combustible est aussi bien
démontrée dans l'un des groupes de la formation
que dans l'autre, et quelque pur que soit la plus
grande partie du jayet dont il vient d'être question, il y est toujours en trop petite quantité
pour qu'on doive le regarder comme un objet d'art
exploitable.

Dans les environs de Lourmintoa, dans les landes qui sont entre Urcuray et Briscous, ainsi qu'au midi de Villefranque, près d'Altsou, le terrain crétacé se lie d'une manière assez intime avec un groupe très-épais de marnes noires, de calcaire argileux noir et de calcaire noir siliceux; groupe très-distinct par l'ensemble de ses caractères minéralogiques et par les corps organisés qu'il renferme, du terrain supérieur; mais dans lequel il est difficile de voir une formation indépendante, car non-seulement les couches inférieures de la craie et les couches supérieures de ce groupe, passent des unes aux autres, mais il se confond avec la partie supérieure des calcaires et des marnes dont l'ensemble constitue la formation du lias; aussi doit-on plutôt le considérer comme un premier étage du lias que comme un étage inférieur du grès vert.

Ces couches argilo-marneuses avec calcaire siliceux, dont la contexture est très-feuilletée, sortent de dessous la formation de la craie à la hauteur de Mouguère et de Lourmintoa, sous diverses inclinaisons et avec une direction généralement parallèle à la chaîne des Pyrénées, sur une étendue de deux ou trois lieues. La teinte noire, toujours assez prononcée des roches, leur donne une fausse apparence de terrain carbonifère, qui, à plusieurs reprises, a provoqué des recherches de combustible, et cette ressemblance avec le terrain houiller est çà et là augmentée par la présence de quelques rognons celluleux de fer carbonaté lithoïde pareil à celui de la formation houillère; mais sur aucun point on ne rencontre les indices d'un gisement du lignite propre aux couches du lias. Tout se borne à quelques nodules isolés,

Terrains du lias et des marnes irisées.

sans étendue, de lignite compacte, à peine assez abondant pour fournir des échantillons de cabinet. Sur la route de Bayonne à Cambo, près d'Ustaritz, les schistes marneux acquièrent une teinte noire encore plus prononcée ; ils enveloppent quelques rognons de combustible impur, et là comme partout, ce ne sont encore que des accidents de nulle importance, même comme indices.

Le calcaire siliceux qui constitue un vrai macigno, et les marnes argileuses qui alternent avec lui, renferment à Cambo, à Ustaritz, à Lourmintoa, etc., des empreintes de végétaux presque méconnaissables, et quelques moules de coquilles, parmi lesquelles on peut quelquefois reconnaître deux ou trois espèces d'Ammonites peu déterminables, des Lutraria-Jurassi, et une Huître qui a des rapports avec l'*Ostrea rugosa.*

La limite inférieure la plus habituelle de ce groupe schisteux est un calcaire bleu, compacte, à cassure conchoïde, avec veines de chaux carbonatée, qui commence la formation du lias, et qui, par son passage insensible à du calcaire argileux trèscommun dans ce terrain, peut être regardé comme l'analogue du calcaire à Gryphées. Les marnes schisteuses et le grès macigno se font remarquer par leur uniformité de composition et par la régularité de stratification, sur toute la grande étendue que ces roches occupent ; étendue qui comprend presque toutes les landes d'Hasparen et celles qui sont entre Urcuray et Briscous. Les dislocations communes aux formations de cette contrée sont plus sensibles dans ce groupe, par suite de la texture feuilletée des roches ; les lits toujours fortement inclinés, affectent souvent la verticale, et si la nature du terrain n'était pas déjà telle qu'elle doit faire abandonner tout espoir d'y rencontrer du charbon, la disposition des couches, qui permet de marcher toujours sur leurs tranches, et par conséquent d'en faire un examen préférable à tous les travaux ou sondages, ne peut laisser aucun doute sur sa stérilité sous le rapport du combustible.

Le groupe de schiste et de grès calcaires dont il vient d'être question, groupe que pour ses caractères tranchés on pourrait rapporter à un des étages les plus anciens du terrain jurassique, tout en reposant dans quelques localités sur des couches de calcaire noir compacte avec veines cristallisées, qui le terminent assez nettement, se rattache souvent à la partie supérieure des marnes et des calcaires argileux du lias, et de telle sorte qu'il est difficile de l'en séparer. Les caractères puisés dans la nature des corps organisés fossiles et dans la stratification qui est concordante, sont trop saillants pour qu'on doive faire de ces schistes et grès calcaires, un groupe indépendant, d'autant plus que la présence des roches oolithiques ne se révèle nulle part. Cette confusion dans le point de séparation des deux étages est très-apparente sur la hauteur du bas Cambo, au point de partage du pays d'Hasparen et de la vallée d'Urcuray, et entre Cambo et Espelette.

Immédiatement au-dessous du calcaire bleu et gris, se succèdent un grand nombre de couches de marnes grises, jaunes, noirâtres, assez dures et compactes, plus ou moins argileuses, qui alternent les unes avec les autres et avec des couches puissantes de calcaire noirâtre, marneux, d'une dureté moyenne et facilement décomposable à l'air. Ces marnes, dont l'aspect et les teintes varient suivant les localités, tout en conservant des caractères tranchés, renferment communément de grandes masses aplaties, ovoïdes, ayant jusqu'à plusieurs mètres de diamètre, d'un calcaire très-compacte, très-dur, à cassure conchoïde un peu terreuse, qui fait une effervescence à peine sensible dans les acides, et qui contient une forte proportion de silice. Ces masses se rapprochent, par leur composition, de la pierre de Pouilly en Bourgogne, et paraissent aptes à fournir d'excellents ciments calcaires analogues à ceux de Parker, de Pouilly, etc.

La composition des calcaires bleus ou noirâtres associés aux marnes et schistes calcaires de cette formation, est très-variable; ils sont tous susceptibles de fournir de bonnes chaux, dont les qualités hydrauliques sont peu prononcées, lorsque le calcaire est compacte, à cassure lisse; tandis que les qualités hydrauliques sont souvent portées à l'excès, lorsque le calcaire est moins compacte, avec une cassure terreuse, ou enfin lorsque la proportion d'argile devient plus forte. Les calcaires bleus ou noirâtres, avec veines cristallines blanches, d'Armendaritz, d'Hellette, d'Urcuray, d'Ardasquia et des eaux de Cambo, produisent de bonnes chaux demi-hydrauliques pour les constructions qui doivent être exposées à l'humidité. Ceux des environs du Haut-Cambo et d'Espelette, au quartier d'Ibarondoa; ceux des environs de Souraïde, de Saint-Pée, etc., dont le grain est moins fin, dont la cassure est plus terreuse, et qui sont plus argileux, donnent des chaux hydrauliques de première qualité. La multiplicité de couches ou amas de calcaire argileux propres à la fabrication de chaux si précieuses pour les constructions, fait vivement sentir l'absence d'un combustible minéral qui pourrait permettre de les utiliser sur une grande échelle (1).

L'ensemble des diverses couches de marnes et de calcaires argileux a généralement une grande épaisseur, et forme une large bande qui, des environs de Saint-Jean-de-Luz, se prolonge jusque bien au delà de Saint-Jean-Pied-de-Port. De Saint-Pée, d'Ascain, de Sare, d'Ainhoa, où il repose soit sur les schistes de transition, soit sur le grès rouge, ce terrain comprend les communes de Souraïde et d'Espelette ; il longe, en le recouvrant, le schiste ardoisier du Mondarrain ; ensuite il se replie sur Cambo ; il occupe la vallée d'Urcuray au nord du terrain granitoïde d'Oursouïa, passe à Hasparren, s'étend vers Helette où il cesse de s'incliner au nord pour incliner au sud, parce qu'il tourne la grande montagne de schiste ardoisier de Baigoura, sur le pied de laquelle il s'appuie. De là, à la hauteur d'Helette, les calcaires argileux, les marnes grises, jaunes, etc., en acquérant un plus grand développement encore, s'étendent sans interruption jusqu'au delà des montagnes de la Soule, où la formation dont il est maintenant question occupe une étendue incomparablement plus grande que dans le Labour.

La direction et l'inclinaison des couches affectent en général beaucoup d'irrégularité ; les perturbations sont surtout sensibles dans les environs du terrain granitoïde, auquel se rapportent les dislocations qu'ont subies les formations qui le re-

_____

(1) Les calcaires crayeux des environs de Saint-Jean-de Luz, d'Andaye, et ceux des bords de l'Adour, à Angoumé, etc., produisent également des chaux hydrauliques fort estimées.

couvrent. Dans la vallée d'Itxassou, dans celle d'Urcuray du côté d'Hasparren, les couches du calcaire sont toujours fortement inclinées ou presque verticales, là où les terrains sont très-rapprochés ou en contact immédiat.

Le calcaire compacte que j'ai déjà signalé comme se trouvant plus particulièrement à la partie supérieure de la puissante formation des marnes et des calcaires argileux de cette contrée, acquiert beaucoup de développement dans les communes de Saint-Martin-d'Arberoux et d'Isturitz; il y forme des collines élevées, sa stratification est souvent régulière, et il est habituellement assez compacte et d'une composition assez homogène pour être exploité comme marbre de couleur. La jolie petite usine à marbre de Saint-Martin-d'Arberoux est placée dans des conditions fort heureuses, sur un cours d'eau au pied même d'une colline dont elle exploite les calcaires de diverses teintes bleues et grises. Ces calcaires compactes y sont associés à de fortes couches ou masses de dolomie, dont la dissolution partielle opérée par l'action des eaux a donné lieu à la formation des grottes particulières au terrain du lias; aussi la grotte d'Isturitz, dont l'étendue est assez vaste, et qui est composée de plusieurs grandes chambres ou cavités irrégulières communiquant ensemble, et renfermant comme d'ordinaire beaucoup de stalactites et de stalagmites, a-t-elle été creusée dans de la dolomie, et n'est-elle que l'ancien lit de la petite rivière qui sort au pied de la montagne sous laquelle elle entre de l'autre côté, à Saint-Martin-d'Arberoux, de suite après avoir servi de moteur à l'usine à marbre. Des recherches particulières, ou le hasard, feront probable-

ment reconnaître sous la couche de tuf qui recouvre le sol, des ossements d'animaux propres à
la généralité des cavernes, et alors seulement la
grotte d'Isturitz offrira un réel intérêt scientifique.

En subissant quelques modifications dans leur
aspect et dans leur composition, ces calcaires compactes s'étendent jusqu'au delà de Saint-Jean-
Pied-de-Port, dans les communes de Lacare, de
Lecumberry, de Mendive, et constituent les
groupes des montagnes de Lacarramendi, Béor-
légui, etc. Les bancs de calcaires susceptibles de
fournir de beaux blocs de marbre colorés et véi-
nés, propres à être débités en dessus de tables,
en chambranles de cheminées, etc., y sont tout
aussi communs que dans les montagnes d'Isturitz
et de Saint-Martin ; mais il n'est point rare que
des bancs d'une belle apparence et d'une exploitation facile doivent être abandonnés, parce que la
pâte renferme une foule de grains de quartz hyalin, qui opposent un obstacle insurmontable pour
le polissage, sinon pour le sciage des blocs.

Ces groupes calcaires ou marneux postérieurs à
la craie, qui se succèdent sans discontinuité sur
une grande étendue, dans une direction qui est
à peu près nord-ouest sud-est, me paraissent re-
présenter incontestablement le terrain du lias, ce
que du reste je préciserai mieux plus loin ; et le
groupe du keuper, ou des marnes irisées, s'y
trouve également représenté, de manière à ce que
non-seulement il est possible de constater ses
relations habituelles avec le lias, mais aussi son
indépendance comme étage géologique ; ce sont
des marnes rougeâtres, bleuâtres ou jaunes, qui se
succèdent en alternant avec des calcaires com-

pactes argileux, et avec des couches minces de marnes argileuses légèrement bitumineuses.

Les marnes irisées sont surtout développées dans les environs de Saint-Pée au quartier d'Ibarondoa, à Sare, et dans la vallée de Saint-Jean-Pied-de-Port et de Lécumberry : elles renferment partout des amas de gypse fibreux et strié gris et blanc, qu'on exploite pour les constructions, et les gisements de cette utile matière, dont on reconnaît presque toujours la présence lorsque les marnes irisées paraissent au jour, sont assez multipliées pour que l'agriculture pût y puiser de précieux secours. L'existence d'un grand dépôt de sel gemme, bien constatée par des sondages et des puits, à Villefranque, Briscous, Oráas, etc., doit faire placer le terrain du keuper de cette contrée au nombre des formations salifères les plus importantes. Les usines établies à Briscous, Urcuit, Salies, etc., exploitent ce dépôt en évaporant des eaux salées à 20 degrés environ, qu'elles retirent de puits creusés dans les marnes et les argiles salifères. Entre la vallée de Saint-Pée et Villefranque et Briscous, le keuper est recouvert par les marnes et les calcaires du lias ; dans ces dernières localités il n'est apparent qu'au fond des vallées, surmonté qu'il est par la formation crétacée, et on le retrouve découvert sur plusieurs points des vallées de Saint-Jean-Pied-de-Port et de Baigorry. Du reste, sauf quelques déviations commandées par les contours des terrains granitoïdes et de transition, la direction générale de la formation salifère est à peu près parallèle à celle des Pyrénées.

Les calcaires et les marnes qui sont dans la vallée de la Nive entre Ossez et Saint-Jean-Pied-de-Port, et qui se rapportent à la partie moyenne

du lias, diffèrent par leurs caractères minéralogiques et leur aspect, des roches de cette formation aux environs de Saint-Pée et d'Espelette. Des
calcaires jaunes, magnésiens, caverneux, et de
fortes couches de dolomie alternent avec des calcaires marneux gris, surtout sur la rive droite
de la Nive; ils se rattachent sans interruption aux
marnes et aux calcaires qui reposent sur les schistes
et les quartzites de Baigoura, et ils vont s'appuyer
sur les couches de grès rouge de la montagne d'Arradoy, au nord de Saint-Jean-Pied-de-Port.

Les marnes avec gypse du fond des vallées de
Saint-Jean-Pied-de-Port et de Baigorry, sont associées à plusieurs couches de 50 centimètres à un
mètre d'épaisseur de fer oligiste terreux, d'une
richesse variable; quelques-unes renferment du
minerai compacte à cassure brillante, et alors elles
sont susceptibles d'être exploitées. Le fer oligiste
en petites paillettes ou pulvérulent y forme également des amas isolés ou disposés à la suite les
uns des autres en forme de chapelet, et ayant
depuis dix centimètres jusqu'à deux ou trois mètres de diamètre. Ce dernier minerai dont le gisement et la contexture ont assez de singularité,
et auquel il est difficile de ne pas attacher des idées
de sublimation, est surtout très-commun dans la
vallée d'Irruléguy et de Baigorry; il est recherché
et exploité avec soin, sans que jamais pourtant il
puisse donner lieu à des travaux réguliers et de
quelque durée.

Le fer hydroxydé compacte caverneux, est
très-répandu dans le terrain supérieur au Keuper;
sur plusieurs points des vallées de Lecumberry, de
Mendive, de Lacarre, il forme des amas, des couches et des filons dont l'importance est telle qu'ils

sont presque toujours exploitables, et la multiplicité de ces gîtes donne aux terrains des environs
de Saint-Jean-Pied-de-Port un caractère émi-
nemment ferrifère. Ces minerais sont généralement purs, le fer qui résulte de leur mélange
avec les oligistes compactes ou pulvérulents, est
d'une excellente qualité.

Dans la vallée d'Arnéguy sur la rive droite de
la rivière, les calcaires argileux et les marnes grises
du lias, composent seuls les montagnes qui bordent la route d'Espagne, et ces roches dont l'ensemble atteint une grande puissance, ont une contexture si serrée et un aspect si différent de celui
qui est habituel au lias des vallées de Saint-Pée,
de Saint-Jean-Pied-de-Port, etc., que de loin on
serait tenté de les prendre pour des schistes ardoisiers de transition. Le terrain de la vallée d'Arnéguy offre un exemple saillant des aspects et des
caractères tout particuliers que peut prendre une
formation dans la même contrée et sur des points
très-rapprochés les uns des autres.

De l'autre côté des montagnes de schistes de
transition de Baigorry et de Banca, dans la vallée
des Aldudes, le terrain du lias se retrouve dans
des conditions trop remarquables pour que je ne
doive pas le comprendre dans la description suc-
cincte des formations des environs de Bayonne.
Les calcaires marneux, les marnes schisteuses,
grises, noires et jaunâtres sont fort développés
dans la direction de Roncevaux et du côté de la
vallée de Bastan, et le terrain y prend un caractère métallifère assez prononcé pour qu'à plusieurs reprises il ait attiré sur lui une vive attention. Dans les montagnes d'Esne-Célayeta on
rencontre fréquemment au milieu des marnes

noires et jaunes, des nids ou rognons de plomb sulfuré à moyennes facettes, qui remplit également des fissures dans un grès calcaire associé à ces marnes, et qu'on doit, je crois, rapporter au grès du lias. Ces nids et petits filons de galène, d'un volume toujours extrêmement restreint, ont une manière d'être fort irrégulière; leur gisement soit dans les marnes, soit dans le grès macigno, est à peu près insaisissable, et on ne peut même leur reconnaître l'apparence de régularité des filons les plus irréguliers; ils sont exploités par les bergers français et espagnols, qui en vendent le minerai pour alquifoux aux potiers du pays.

Dans le terrain du lias qui sépare la vallée des Aldudes de celle de Bastan, le plomb sulfuré est remplacé par du minerai de cuivre pyriteux et de cuivre gris dont on trouve fréquemment des indices, et plus particulièrement sur le versant espagnol. Le minerai le plus répandu, celui qui a le plus contribué à appeler l'attention sur ce canton, est du cuivre gris non argentifère, de composition et de richesse très-variables, déposé en nids, rognons et petits filons. La montagne de Basséguy est le point qui renferme le plus grand nombre de ces gîtes de minerai; les uns et les autres sont toujours fort peu importants, très-irréguliers, soit qu'ils remplissent des fentes perpendiculaires aux lits du calcaire, soit qu'ils forment des lits parallèles aux couches. Au-dessus des bergeries de Basséguy, les calcaires argileux et les marnes grises renferment un amas de marnes ocracées, spongieuses, dans lesquelles se trouvent des plaques et des nodules de cuivre gris, de cuivre pyriteux et de fer sulfuré, accompagnés de quelques gros rognons de calcaire siliceux imprégnés ou enveloppés de cuivre gris; mais cet amas de marnes argileuses a des limites fort restreintes, et sa position tout à fait accidentelle à la surface du terrain du lias, le mettrait au rang des gîtes de nulle importance, alors même que les minerais seraient plus riches et de meilleure qualité. Au nord de Basséguy, le cuivre gris forme dans un banc fracturé de calcaire siliceux, plusieurs petits amas de quelques décimètres d'épaisseur en tous sens, dont l'ensemble est fait pour donner au premier abord l'idée d'un gîte important; mais là encore il est facile de s'assurer que les limites en sont fort restreintes en même temps que très-bien définies.

La multiplicité de ces indices de minerai de cuivre peut certainement valoir à cette zone du calcaire du lias, sous le rapport géologique, la dénomination de terrain cuprifère; néanmoins on n'entrevoit nulle part la réunion des conditions indispensables, pour que des gîtes métallifères aient une valeur réelle sous le point de vue d'exploitation. La formation du cuivre, quoiqu'elle comprenne une grande étendue, n'a eu lieu que sur une petite échelle et d'une manière accidentelle; lors du soulèvement et de la dislocation du terrain, époque à laquelle tout se réunit pour faire rapporter cette formation, il résulta une imprégnation presque générale de minerai de cuivre, et non des amas ou des filons qui pussent devenir le motif de travaux sérieux. Toutes les tentatives d'exploitation ont été de courte durée, parce qu'une fois les premiers nids ou amas de minerai épuisés en profondeur et en direction, de nouvelles recherches devenaient infructueuses, rien n'indiquant la possibilité de rencontrer la même chose, sinon mieux, en s'approfondissant davantage ; et le caractère d'irrégularité est tellement complet, qu'il y a absence absolue d'indices non-seulement pour une exploitation suivie, mais pour de simples recherches. Les petites cavités de la roche encaissante, ou du minerai de cuivre gris lui-même, sont souvent tapissées d'une couche cristallisée presque sans épaisseur de cuivre carbonaté bleu d'une belle teinte azurée, et ces jolies géodes contribuent aussi à donner à ces gîtes de cuivre un air d'importance qu'ils sont loin de mériter. Aucune des variétés communes au lias ne renferment d'argent ; leur teneur moyenne en cuivre métallique est 6 à 7 p. o/o.

La rareté des fossiles dans toute l'étendue du terrain du lias de cette contrée, rend d'abord assez douteuse la détermination de la place qu'on doit lui assigner dans la série géologique, et fait qu'on est réduit à prendre pour seul guide ses rapports avec les autres formations ; car la présence de quelques moules de coquilles à peine reconnaissables, et de rares empreintes végétales dans les marnes schisteuses, ne pourraient pas fournir des caractères précis. Le calcaire argileux d'Ibarondoa, entre Espelette et Cambo, dont la position est à peu près dans la partie moyenne du groupe de marnes et de schistes, renferme bien des coquilles avec leur test, qui ressemblent infiniment à la gryphée arquée, mais leur empâtement dans la roche laisse des doutes sur l'espèce à laquelle appartiennent ces fossiles. Parmi les autres mollusques je n'ai rencontré que quelques moules de Modioles et d'Ammonites à peu près indiscernables, et tout annonce que la mer au fond de laquelle se sont déposés les terrains du lias et du keuper de cette partie des Pyrénées, était pauvre en mollusques, puisque cette rareté de corps organisés fossiles est commune à toutes les localités que j'ai citées.

Si les caractères fournis par les corps organisés sont en petit nombre et d'un secours presque nul pour assigner la place de ces terrains, les relations géologiques ne manquent pas, et les déductions que l'on peut en tirer sont, je crois, de nature à ne laisser aucun doute sur leur indépendance par rapport au terrain crétacé qui repose directement sur les marnes salifères, et dont les limites sont parfaitement définies par les caractères minéralogiques des roches et par la nature des fossiles. La distinction à établir entre les deux formations est surtout fort claire à Saint-Pée, où le terrain salifère n'est pas moins bien caractérisé, quoiqu'on n'y connaisse pas de sources salées, et dans les environs de Villefranque et de Briscous.

A la Bastide, à Urdos et au-dessous de Baigorry, le terrain du keuper et les argiles du grès bigarré n'ont pas de ligne de démarcation bien tranchée; leurs extrémités se confondent, les dernières couches de l'un et les premières de l'autre ont alterné ensemble : là, comme dans tant d'autres contrées, la corrélation du keuper et du grès bigarré est évidente, et il ne paraît pas y avoir eu de repos dans le phénomène géologique entre les deux formations.

Les marnes bleues, violettes et rougeâtres du terrain salifère qui occupe l'extrémité de la vallée de Saint-Michel, au pied de la montagne Attaburu, alternant à leur extrémité inférieure avec des argiles rouges, grises, jaunâtres, caractérisées sur la rive droite de la rivière de Saint-Michel par la présence de quelques plaques de 2 à

4 centimètres d'épaisseur de fer oligiste spéculaire très-pur, à cassure à grains d'acier, cristallisés à la surface des plaques, et des moules et empreintes de Productus que l'on y rencontre, doivent faire rapporter ces argiles au grès bigarré, dont la formation est du reste complète à peu de distance. Ainsi donc, même en faisant abstraction de l'existence probable de la *Gryphée arquée* dans les calcaires à chaux hydraulique d'Ibarondoa et de Cambo, la liaison intime du terrain salifère avec les argiles de grès bigarré, et le brusque changement dans les caractères minéralogiques des roches sur la ligne que je regarde comme la limite inférieure de la craie, ne laissent pas d'incertitude sur l'âge du terrain salifère et du système de calcaires et de marnes argileuses qui lui est supérieur. Leurs relations géologiques appuyées de quelques caractères zoologiques, amènent tout naturellement leur séparation d'avec la formation crétacée, dont on paraît avoir trop étendu les limites dans cette contrée, et les font rapporter au lias et au keuper.

Sur quelques points de ces deux formations, et plus particulièrement aux environs de Cambo, d'Espelette, de Saint-Jean-Pied-de-Port, il existe des marnes schisteuses sensiblement bitumineuses, dont la teinte noire a pu provoquer la croyance que ces terrains renferment du combustible; mais la disposition des couches est presque toujours telle, qu'on peut les examiner sur leurs tranches, et s'assurer que l'absence complète du *lignite stipite* particulier à ces formations, est partout démontrée de manière à ne pas laisser de doute.

Grès bigarré
et grès rouge.
Si sur deux ou trois points il est difficile d'indiquer d'une manière précise la limite du keuper et du grès bigarré, le point de séparation entre celui-ci et le grès rouge n'est pas moins incertain. Le dépôt de ces deux terrains a eu lieu sans discontinuité, car la stratification ne cesse pas d'être concordante, et nulle part ne se révèle la présence du zeiztein.

Depuis les environs de Saint-Jean-de-Luz jusqu'au delà de Sare, et depuis le versant méridional du Mondarrain jusqu'au delà de Baigorry, leur ensemble représente une des plus puissantes formations de cette partie des Basses-Pyrénées. Du côté de Sare et d'Ascain, c'est-à-dire dans tout le massif de la Rhune, dont le sommet isolé et terminé par une surface plane a un aspect si singulier, le grès bigarré paraît exister seul ; la roche, qui est tantôt en couches minces feuilletées, tantôt en bancs très-épais, est un grès micacé généralement moucheté de rouille gris ou blanc jaunâtre, composé de grains arrondis de quartz hyalin, unis par un ciment argileux ferrugineux souvent coloré en vert par des paillettes de chlorite. L'uniformité de composition des diverses couches, fait qu'il est embarrassant de déterminer la place de ce groupe, et rien n'indique qu'il faille les rapporter au grès bigarré plutôt qu'au grès rouge. Le grès de la Rhune repose au midi sur les schistes ardoisiers de transition, et au nord, probablement sur le terrain granitique de la montagne des Trois-Couronnes ou de Haya.

Interrompu par le schiste de transition de la montagne d'Ainhoa et du Mondarrain, la formation arénacée recommence, ainsi que je l'ai dit plus haut, immédiatement après le passage Atéca-

Gaitz, dans la vallée de Laxia. Des argiles schisteuses à pâte fine et un peu nuancée forment
presque à elles seules plusieurs des hautes collines
qui sont à l'ouest de Baigoura ; un peu plus loin, ces
mêmes argiles rouges alternent avec des bancs de
poudingues à fragments de calcaire compacte et
de schiste ardoisier, ou avec des couches plus ou
moins puissantes de grès dur homogène à grain
fin, et dont le quartz est aggluitiné par un ciment
argileux rouge. Les couches de ce grès fin et dur,
qui est du reste la roche dominante de la formation
arénacée, alternent elles-mêmes, sur plusieurs
points de la vallée de la Nive, et dans la montagne
d'Arsamendi, avec des bancs de poudingue dans
lequel le calcaire est tout à fait étranger, et qui
est formé de fragments arrondis ou anguleux de
schiste et de quartzites de transition, d'un volume
assez considérable. Les poudingues ou brèches à
fragments de calcaire compacte, se rencontrent
surtout dans la partie supérieure du terrain, associés à de l'argile schisteuse, et il n'est pas rare
de voir une même couche composée et d'argile
schisteuse et d'anagénite. La vallée de la Nive,
près de Bidarray, offre un bon exemple de l'association et du retour alternatif de ces deux roches
qui, considérées sur de petits espaces, ont des
directions et des inclinaisons très-variées; ainsi,
dans l'énorme massif d'Arsamendi, les strates ont
une inclinaison peu prononcée, tandis qu'à peu
de distance elles sont relevées presqu'à angle droit,
et la Nive coule sur leurs tranches pendant quatre
ou cinq kilomètres. La direction des puissantes
couches de grès qui composent les montagnes de
Lissarmeaca et d'Igouskibéguia, et dont les
tranches forment sur la vallée du pont d'Enfer

un long et immense escarpement, est à peu près
à angle droit de celle des Pyrénées, et leur inclinaison est de quelques degrés seulement au
nord-est.

Des environs de Bidarray les formations arénacées, en se prolongeant sans interruption jusqu'au delà de Baigorry dans la vallée de Bastan,
offrent dans la partie supérieure la même succession de couches d'argiles, de poudingues à
fragments calcaires, et ceux-ci acquièrent entre
Banca et les Aldudes un assez grand développement pour qu'ils semblent quelquefois constituer le terrain à eux seuls ; ils vont s'appuyer sur
les terrains de transition du haut de la vallée.

Les psammites feuilletés alternant avec des
argiles rouges, schisteuses et micacées, renferment
dans la vallée d'Ustalléguy, près de la montagne de
ce nom, quelques empreintes végétales qui seraient d'un secours décisif pour assigner la place
du grès bigarré au groupe supérieur de cette puissante formation, si la nature et les relations géologiques des roches pouvaient laisser quelques
doutes. Ce sont des empreintes assez déterminables de deux ou trois espèces de fougères et d'é-
quicétacées, et je crois pouvoir rapporter une de
celles-ci au *calamites arenaceus*, habituel d'après
M. Adol. Brongniart au grès bigarré.

Les terrains du grès rouge et du grès bigarré,
méritent à plus d'un titre d'être mentionnés sous
le rapport technologique. Parmi les filons de fer
carbonaté spathique qu'on rencontre dans plusieurs
localités, le plus important comme gîte de cet ex-
cellent minerai, est celui de la montagne Ustalléguy entre Bidarray et Baigorry. Ce filon apparent sur les deux versants de la montagne, n'a

pas moins de quatre à cinq mètres de puissance
et constitue un gisement excessivement riche, qui
donne lieu à une exploitation souterraine pour
alimenter l'usine à fer de Banca, et qui pourrait
fournir aux besoins de plusieurs hauts fourneaux.

Le minerai, généralement très-pur, est ce-
pendant quelquefois associé à du cuivre pyriteux
cristallisé, et le plus souvent disposé en nids,
qu'on évite ou qu'on rejette toujours avec soin
pour ne pas altérer la pureté du fer. Les grès de
la Rhune renferment également près de Sare un
filon de fer spathique qui, quoique moins riche,
a été exploité pour les forges à la catalane.

Cette espèce de minerai n'est pas seulement
particulière aux terrains arénacés; dans le calcaire du lias, à peu de distance d'Ainhoa, au sud
et près de la frontière, il en existe des filons ou
plutôt des amas dont la formation est certainement contemporaine des filons d'Ustalléguy, de
la Rhune, etc., et qui comme eux, sont caractérisés par la présence du cuivre pyriteux. La
décomposition de celui-ci a recouvert la surface
du fer spathique d'une pellicule de carbonate vert
qui donne à ce gisement de fer une bien fausse apparence de beau minerai de cuivre.

Les grès bigarrés des environs de Bidarray,
d'Ustalléguy, d'Arradoy, près [Saint-Jean-Pied-
de-Port, sont souvent d'une stratification si régulière, et divisés en feuillets si minces, que ceux-ci
n'ont qu'un ou deux centimètres d'épaisseur, et
qu'ils sont exploitables en plaques de plus d'un
mètre de côté. Ces *lozes* sont employées suivant leur épaisseur, pour carrelage, dallage,
clôture, etc., et dans plusieurs circonstances elles
pourraient remplacer les briques, car non-seule-

ment leur extraction est peu coûteuse, mais il serait aussi très-facile de leur donner à peu de frais une forme à peu près symétrique, lorsque le genre de construction l'exigerait. Les bancs plus épais fournissent de bonnes pierres de taille, des pierres à aiguiser; et les carrières de meules pour moulins à grains d'Arradoy, d'Arsamendi et du massif de la Rhune jouissent d'une certaine réputation. Ceux de ces grès, dont la composition est bien homogène et dont le grain est moins serré, sont aptes à être employés comme pierres réfractaires, et taillés convenablement ils pourraient remplacer avec avantage les briques réfractaires dans toutes les espèces de fours à haute température. L'usine à fer de Banca n'emploie pas d'autres pierres pour l'intérieur de ses fourneaux.

Nous voici arrivé au-dessous du dernier terme de la série géologique qui précède la formation du terrain houiller lorsque celui-ci ne manque pas, et comme le but de ce mémoire est surtout de constater la non-présence de la houille, je crois devoir bien préciser les faits qui affirment cette malheureuse interruption dans les phénomènes géologiques, lors de la formation des terrains de cette contrée. La superposition du grès rouge sur le terrain de schiste ardoisier de transition est apparente sur une infinité de points; dans les environs de Sare, sur le versant méridional de la Rhune; dans les environs d'Ainhoa; à Laxia, au pied d'Arsamendi, au midi du Mondarrain; sur les limites des communes de Louhossoa et de Bidarray, près de la maison Estenuia; à l'ouest et tout le long du groupe de Baigoura. La jonction des deux formations est également apparente sur la rive droite de la Nive, un peu au delà de Bidarray ; sur la rive gauche avant le groupe d'Oustalléguy ; au sud de Baigorry, près du col d'Espéguy. Les deux formations se touchent sans intermédiaire et sans que jamais on y rencontre de traces de roches schisteuses ou arénacées, d'un caractère tel qu'on puisse le moins du monde être autorisé à soupçonner la présence d'un terrain houiller recouvert par le grès rouge. Partout les grès micacés rouges, comme les poudingues et les argiles schisteuses, finissent brusquement au schiste ardoisier de transition. Le point de contact de ces deux formations supérieure et inférieure à la houille, est apparent dans un si grand nombre de localités, et les couches sont toujours si fortement inclinées, que l'on peut, je crois, conclure avec certitude que le terrain houiller manque tout à fait dans les environs de Bayonne et de Saint-Jean-Pied-de-Port. Si cette précieuse formation carbonifère existait, on devrait certainement la voir affleurer sur l'un des nombreux points qui indiquent d'une manière non équivoque la limite inférieure du grès rouge. Rien ne saurait donc autoriser des recherches de houille, soit par des sondages, soit par d'autres travaux, quelle que fût la hardiesse du point de vue sous lequel on les envisageât. Les bons esprits qui ont le plus songé à la découverte de ce combustible minéral dans les environs de Bayonne ou de Saint-Jean-Pied-de-Port, doivent d'autant plus se résoudre à admettre comme positive la non-présence du terrain houiller proprement dit, qu'une lacune de ce genre dans la série des couches qui composent l'écorce du globe est commune à bien d'autres contrées, et que l'étage du grès houiller n'est point le seul qui manque

3

pour compléter l'ensemble des formations dans cette partie des Pyrénées.

Schiste ardoisier de transition. Le schiste argileux de transition s'étend presque sans interruption, depuis les environs de la montagne des Trois-Couronnes et de Sare jusqu'aux Aldudes, en suivant une direction qui est à peu près nord-ouest sud-est. Les groupes du Mondarrain, d'Athari, le sommet et le versant méridional d'Arroca-Garray, la ligne de plateaux qui les rattachent au système de Baïgoura, et Baïgoura même en entier, appartiennent à ce terrain, qui, après avoir été recouvert par le grès rouge à Bidarray sur une petite étendue, reparaît un peu au delà de ce village, pour constituer les escarpements et les montagnes qui bordent la Nive sur les deux rives jusqu'à Ossez, et pour se prolonger jusqu'au delà des Aldudes, en comprenant les hautes montagnes qui sont de chaque côté de la rivière de Baigorry.

Le point saillant de cette formation de schiste de transition, est l'excessif développement des couches de quartzite qui alternent avec le schiste, surtout dans la partie supérieure du terrain, et qui finissent même par y constituer toute la formation. Les sommets du Mondarrain, d'Arroca-Garray, la plus grande partie des couches à travers lesquelles la Nive s'est frayé un passage au lieu dit Ateca-Gaitz, la longue crête et les escarpements de Baigoura sont du quartzite à texture fine, serrée, grenue, généralement blanc grisâtre, et souvent coloré en vert clair par de la chlorite. Dans les montagnes de Banca, de la vallée des Aldudes, d'Ourépele, etc., le quartzite acquiert une structure plus massive ; il devient difficile d'y distinguer des couches ; sa teinte est un peu plus blanche; et quoique son grain ne soit ni moins serré, ni moins fin, il se fendille et se désagrége facilement; au lieu de former des crêtes et des escarpements, les sommets de montagnes sont généralement arrondis.

Dans la vallée d'Arneguy, les schistes ont une teinte noirâtre; la structure feuilletée est plus prononcée, et la roche devient réellement ardoisière; aussi est-elle exploitée, et les ardoises qui en proviennent sont fort estimées à Saint-Jean-Pied-de-Port.

Près des Aldudes dans la direction d'Elissondo; au nord du Mondarrain, et d'Athari-Mendi à Itxassou; et près de la maison Chucurenia à Louhossoa, le schiste ardoisier devient tendre, argileux, et acquiert une teinte noire qui a pu y faire voir des indices de combustible; mais le plus léger examen confirme partout la non-présence de l'anthracite, quelquefois particulier à cette formation. Ces argiles noires colorées par du carbone, ont du reste fort peu d'étendue en direction, et il faut les considérer comme de simples accidents dans le terrain de transition.

C'est dans le schiste de transition que se trouvent les filons cuprifères qui, sous les Romains et dans le dernier siècle, ont donné lieu à des exploitations fort importantes, citées sous le nom de mines de Baigorry comme les premières des Pyrénées; exploitations détruites, aujourd'hui remplacées par l'usine à fer de Banca. De vastes travaux de mine furent exécutés sur six des principaux filons, au-dessus et au-dessous de l'écoulement naturel des eaux. Le cuivre gris et le cuivre pyriteux, objets de l'exploitation, y sont associés à d'autres minerais de nulle valeur, et la richesse de ces gîtes métallifères est, à ce qu'il paraît, excessivement variable. D'après les renseignements fournis par Dietrich et par Charpentier, les mines de cuivre de Baigorry ont éprouvé bien des vicissitudes; et si à deux ou trois reprises les succès en ont été brillants, ils n'ont jamais été de longue durée.

Les gîtes métallifères du terrain de transition ne se bornent pas à ceux de la vallée de Banca : sur plusieurs autres points, il existe de petits filons, de petits amas de cuivre pyriteux et de cuivre gris, sur lesquels il a été fait des travaux de recherches qui datent du temps de Dietrich, dont l'ouvrage sur les Pyrénées indique, à très-peu d'exceptions près, tous les gîtes métallifères que l'on connaît aujourd'hui, et ces gisements ont un tel caractère d'irrégularité et de peu d'étendue, que le non-succès de ces tentatives de travaux n'a rien qui doive surprendre. Dans la petite vallée de Laxia, qui aboutit au mont Gorospile, les schistes prennent souvent un aspect satiné, une disposition tourmentée; ils sont associés à d'assez fortes masses de quartz intercalées dans les lits de la roche, et alors ils renferment quelques rognons ou nids de cuivre pyriteux complétement isolés, très-riches en cuivre, mais d'une importance tout à fait nulle; là encore la décomposition du minerai, en infiltrant du carbonate vert dans les feuillets de la roche, a donné un faux air de richesse qui a fait faire les recherches dont on voit les traces, et qui datent du dernier siècle.

Le schiste de transition n'est pas moins bien partagé en minerais de fer que les terrains du lias et du grès rouge. Des amas-couches et des filons d'hydroxyde noir et brun susceptibles d'être exploités et de produire du bon fer, sont communs dans plusieurs localités. A partir de l'extrémité de la vallée de Laxia, près de la frontière d'Espagne, jusqu'au hameau de Laxia, et de là, par le quartier d'Isoki, jusqu'au groupe de Baigoura, on peut suivre un grand dépôt, ou plutôt une succession d'amas de fer hydroxydé brun et noir, associé à du quartz désagrégé couleur de rouille, et à de l'argile. Le schiste des vallées d'Ossez et de Banca renferme également du minerai de fer, et je ne citerai que la localité la plus connue, celle de Mispira dans la montagne d'Haïra, d'où l'usine de Banca extrait une partie de sa consommation. Généralement toutes les variétés du minerai de cette formation, dont le produit moyen en fonte est 43 p. o/o, sont caractérisées par la présence du chrôme, en quantité il est vrai à peine appréciable.

En réfléchissant à la profusion avec laquelle les minerais de fer sont répandus dans les diverses formations et dans le voisinage de belles chutes d'eau, on ne peut se défendre d'éprouver de vifs regrets, lorsqu'on voit que d'immenses forêts qui couvraient naguère les montagnes mêmes qui renferment le minerai, aient été détruites presque sans utilité pour l'agriculture, et qu'une merveilleuse aptitude pour l'industrie ferrière soit annulée, probablement pour toujours, par l'imprévoyance inouïe qui a présidé à l'exploitation de ces antiques forêts. De profondes traces d'exploitations sur presque tous les gîtes de minerai de fer, et de vieilles scories de forges que l'on rencontre dans les environs de Sare, d'Ainhoa ; dans les vallées d'Itxassou, de Louhossoa et de Macaye, près Baigoura et Oursouïa ; dans toute la vallée de la Nive, et sur une infinité d'autres points, attestent que la fabrication du fer remonte dans cette contrée à une époque très-reculée. Les usines de ce temps-là, forges à la catalane encore plus imparfaites que la plupart de celles qui existent aujourd'hui, pouvaient vu la simplicité de leurs appareils, effectuer leur déplacement sans de grands frais, dès que le canton dans lequel elles étaient établies se trouvait dégarni de bois. Leur consommation en combustible était énorme en raison de la petite quantité de fer qu'elles produisaient, et elles ont dû dévaster rapidement des forêts qui n'étaient pas soumises à un aménagement conservateur, et que du reste on regardait souvent comme un obstacle à la vaine pâture.

Terrain granitoïde.

Le terrain granitique occupe, dans les environs de Bayonne une étendue extrêmement circonscrite, et forme une espèce d'ellipsoïde entouré du côté du midi par le terrain de schiste ardoisier de transition, et sur tous les autres par le lias. On peut le considérer, au milieu des autres formations, comme une île qui comprend les derrières du Mondarrain, une partie de la vallée d'Itxassou, les vallées de Louhossoa et de Macaye, et qui s'étend dans les communes d'Hasparren, de Mendionde et d'Helléte jusqu'à la montagne de Garalda, jusqu'au village de Bouloc et jusqu'à l'entrée du bourg d'Hasparren. La montagne d'Oursouia, les contre-forts et les collines qui s'y rattachent, appartiennent à la même formation.

Le gneiss commun renfermant beaucoup de grenats, surtout dans le groupe d'Oursouia ; le gneiss granitoïde souvent désagrégé avec boules de granite à gros grains et de pegmatite ; le gneiss tendre, argileux, rouge, roux et gris, composent la plus grande partie de ce terrain. A Itxassou, à Louhossoa, à Elori à l'est d'Oursouia, à Gréciette, en face du château de Garro, et dans les environs de Bonloc, des masses d'amphibolite schistoïde, à structure fragmentaire et à stratification à peine discernable, et des masses de diorite à structure massive, quelquefois un peu orbiculaire, sont enclavées dans le gneiss granitoïde et dans le gneiss argileux, de manière qu'on ne peut guère apercevoir de relations intimes entre elles et le gneiss qui les renferme. Près de la maison Chauchoteguy, le diorite schistoïde et globuleux prend une structure massive; le feldspath y est ou compacte ou en larges cristáux, et la roche constitue d'assez fortes masses que l'on a beaucoup exploitées et que l'on exploite encore pour meules à farines fort estimées, surtout lorsqu'elle ne renferme qu'une très-petite proportion d'amphibole horneblende. Sur toute la ligne qui indique la direction du terrain granitoïde considéré dans son ensemble, c'est-à-dire de l'est à l'ouest, depuis les environs de Bonloc jusqu'à Basseboure d'Espelette, ces amas d'amphibolite et de diorite ressemblent assez à des culots dans les roches granitoïdes, et ces culots sont toujours en contact ou dans le voisinage d'autres masses de calcaire blanc bleuâtre, saccharoïde et laminaire, avec paillettes de talc, et renfermant des nids ou filets de pyrites, de graphite et du fer oligiste en petites plaques ou pulvérulent. Ces calcaires d'une structure toujours massive, sont enclavés tantôt dans le gneiss granitoïde, ou dans le granite gris à petits grains, comme sur les deux rives de la Nive près du passage d'Ateca-Gaïtz à Itxassou; et tantôt dans le gneiss tendre, argileux, rouge et gris, comme à Mortalénia d'Itxassou, à Louhossoa, à Macaye, à Mendionde, etc. Ils sont recherchés et exploités comme pierre à chaux grasse de première qualité pour les constructions à l'air et pour l'amendement des terres.

A la limite du schiste ardoisier de transition, dont le soulèvement contemporain de l'apparition du terrain granitoïde a eu lieu suivant une direction qui va de l'est à l'ouest, et parallèlement à la ligne des masses ou culots de diorite et de calcaire, le gneiss granitoïde et le gneiss tendre argileux rouge, renferment principalement dans les communes de Louhossoa et d'Itxassou, un grand dépôt de kaolin, qui peut être comparé à un amas-couche avec des allures assez nettes, et dont l'inclinaison, parallèle à celle des lits de gneiss qui lui servent de toit et de mur, et à celle du schiste de transition, est à peu près terme moyen, de 70 degrés au midi. Ce gîte n'est point formé par la réunion d'un grand nombre de filons de feldspath décomposé et de pegmatite dans le gneiss argileux, mais bien par des masses ovoïdes ou sphéroïdales de kaolin, ayant depuis 50 centimètres jusqu'à 10 mètres de diamètre, placées les unes à côté des autres, et séparées la plupart du temps, seulement par quelques centimètres de gneiss, et quelquefois distantes les unes des autres de près d'un mètre. L'ensemble de ces masses de kaolin, qui sont ou plus dures, ou plus pures, ou plus quartzeuses les unes que les autres, suivant leur position au toit et au mur, suivant leur voisinage ou leur éloignement d'un étranglement ou d'un brouillage, et dont enfin l'état de décomposition est plus ou moins avancé, selon qu'elles se trouvent à une plus ou moins grande profondeur au-dessous de la surface ; l'ensemble de ces masses, dis-je, constitue un amas-couche dont la manière d'être a infiniment de régularité en direction, dans le sens de l'inclinaison, et dont l'épaisseur est quelquefois de 20 mètres. Toutefois le gisement kaolinifère n'est pas également riche sur toute la longueur du terrain granitoïde ; lorsque le gneiss argileux rouge et jaune, et le gneiss commun acquièrent plus de développement, comme dans les communes de Macaye et de Mendionde, comme au pied d'Athari-Mendi à Itxassou, etc., c'est toujours aux dépens du kaolin, et alors le dépôt n'est représenté que par quelques nids ou filets insignifiants. Sur d'autres points, comme à Basseboure d'Espelette, le dépôt de kaolin atteint une puissance telle, qu'il se confond avec le gneiss granitoïde ; toute la masse devient très-quartzeuse, impure, et au lieu de kaolin proprement dit, ce n'est que du granite désagrégé ou décomposé. Ces irrégularités ou perturbations paraissent liées à la présence ou au voisinage des culots de calcaire et de diorite, et il semble que l'apparition et le développement de ces roches aient influé sur le gisement du kaolin, car ce gisement est stérile ou seulement représenté par du gneiss granitoïde désagrégé non exploitable, partout où elles se montrent. Le quartier de Basseboure d'Espelette, les environs du passage de Laxia sur les deux rives de la Nive ; le terrain de la limite des communes de Macaye et de Louhossoa ; de la limite des communes de Macaye, de Mendionde et d'Helléte ; les environs de Bonloc, etc., offrent des exemples de cette relation entre la stérilité du gisement de kaolin, et la présence du calcaire et du diorite. Les parties riches et régulières du dépôt ont des limites bien définies par la nature des roches associées au gneiss, et par les modifications qu'ont subies les matières qui constituent le gisement même. Quoique leur étendue soit restreinte par rapport à la surface occupée par tout le terrain granitoïde, l'ensemble du gîte de kaolin exploité à Loubossoa est pourtant assez riche et assez développé pour fournir à une très-grande consommation, pendant un nombre d'années indéfini ; et c'est au hasard que je dois d'avoir été assez heureux pour être appelé à constater toute l'étendue et la réelle importance de ces gisements de kaolin et de pétunzé, et à résoudre ainsi une question scientifique et technologique, qui pourra avoir de grandes conséquences pour l'avenir industriel du pays (1).

Le granite graphique ou le pegmatite, exploité sous le nom de pétunzé pour le fondant et pour la couverte de la porcelaine, forme habituellement, en dehors de la zone kaolinifère, des amas sans allures bien distinctes, au milieu du gneiss granitoïde et du gneiss tendre argileux. Les variétés de ces pegmatites sont assez nombreuses, elles sont presque toutes exploitables ; toutefois les pegmatites graphiques et les pegmatites granulaires sont les plus pures et les plus convenables pour la porcelaine. Sur une infinité de points du versant mé-

(1) Il y a près de quarante ans que le kaolin de Louhossoa était connu sur un point extrêmement circonscrit ; on le trouve vaguement cité dans deux ou trois ouvrages de minéralogie, et MM. Poulet et Pervieu, négociants à Bayonne, qui les premiers se sont occupés de cette affaire, furent toujours arrêtés par la croyance généralement admise, que l'importance de ce gisement était nulle sous le rapport industriel.

ridional d'Oursouia, on rencontre des amas formés de la réunion des diverses variétés de ces roches, et le vrai pegmatite graphique, celui dont le quartz est en lignes brisées disposées régulièrement, est surtout commun au lieu dit Sandori-Lepoa.

Les circonstances de superposition des autres formations sur le terrain granitoïde, indiquent clairement que l'apparition de celui-ci à la surface, est postérieure au dépôt du lias et de la craie, et que le redressement de leurs couches et de celles du schiste ardoisier de transition est dû à la cause même qui a produit le relief du sol granitoïde, dont la montagne d'Oursouia avec ses mamelons et ses contre-forts, est le centre et le point culminant. Au nord de cette montagne, dans la vallée d'Urcuray à Cambo, à Hasparren, les couches du calcaire inclinent vers le nord sous un angle qui varie de 3o à 8o degrés, en s'appuyant sur le gneiss, et à peu de distance d'Hasparren, les deux terrains sont juxta-posés verticalement. Au midi, c'est-à-dire sur la ligne du schiste ardoisier de transition, les lits de cette formation sont généralement inclinés de 7o degrés au sud en s'appuyant comme le calcaire sur le gneiss argileux rouge ou sur le gneiss granitoïde, dont la stratification est bien apparente, et qui inclinent également de 7o degrés au sud. Derrière le Mondarrain, presqu'à la source du petit ruisseau d'Espelette, le gneiss est remplacé par du granite gris à petit grain, qui enveloppe des masses de calcaire, et qui se trouve en contact avec des couches de schistes argileux noirs qu'il a soulevées et fortement disloquées; au nord d'Athari-Mendi près de la maison Bernaténia, dans un petit ravin qui en descend, et sur les côtés duquel le gneiss granitoïde et quel-

ques masses de granite désagrégé ont été mis à
découvert, on peut observer que non-seulement le
terrain de transition a été redressé, mais encore
qu'il a été renversé et recouvert. Le gneiss granitoïde y recouvre évidemment le schiste argileux
de transition.

Le fer hydroxydé compacte et spongieux, et le
fer oxydulé magnétique sont à peu près les seuls
minerais qu'on rencontre dans ce terrain; ils y
forment des filons ou veinules de si peu d'importance qu'ils méritent à peine d'être cités. La première espèce est toutefois plus répandue que l'oxy-
dule, qui n'a encore été rencontré que dans le gneiss
avec grenats, au-dessus de la maison Irriberria à
mi-côte d'Oursouia. Sur les bords du terrain granitoïde, à peu près là où commence la zone de
gneiss argileux avec kaolin, les roches renferment
un grand nombre de veines ou petits lits con-
tournés de peroxyde de manganèse et de fer,
minerais qui imprègnent plus particulièrement
tout le terrain dans le voisinage du dépôt de kaolin; et les masses de kaolin elles-mêmes renferment
souvent une infinité de petites plaques de peroxyde
de manganèse compacte pur, associées à des veinules de collyrite.

Ophite. Les porphyres verts, si communs dans les Pyrénées, découverts et décrits par Palassou sous le
nom d'ophite, et compris dans les terrains secon-
daires comme amphibolites de cette époque par
M. de Charpentier dans son excellente description
géognostique des Pyrénées, forment de nombreuses masses, ou plutôt des culots dans les terrains du calcaire grossier et du grès marin supérieur, dans la craie, dans la formation du lias et
du keuper, ainsi que dans le grès bigarré et le

schiste ardoisier de transition. Les exemples de
ces roches d'origine ignée sont excessivement mul-
tipliés; elles n'occupent jamais une grande étendue; leur structure est toujours massive; elles
sont souvent divisées en masses sphéroïdales qui
ont depuis quelques pouces jusqu'à quelques pieds
de diamètre; et par leur manière d'être, leur
aspect et leur nature, on doit les regarder comme
des porphyres qui dans un état pâteux se sont
fait jour, en les disloquant, au travers des terrains
stratifiés. Sur plusieurs points, ces épanchements
de porphyre ont été suivis ou accompagnés de
grands amas de conglomérats, composés de
fragments des roches environnantes; la hauteur
de Villefranque entre l'église et la Ralde, et les
derrières d'Espelette du côté du Mondarrain,
sont des exemples bien caractérisés d'ophite ac-
compagné de conglomérats contemporains de
leur apparition; dans la première localité, à travers les calcaires du lias et la craie; et dans la se-
conde, à travers le schiste ardoisier de transition.
En général, la présence de l'ophite entraîne celle
du gypse et du sel gemme, et ces trois roches paraissent toujours avoir entre elles les plus grands
rapports géologiques, ainsi que l'ont constaté depuis longtemps M. de Charpentier et M. Dufrenoy
dans les mémoires sur la géologie de la France.
Le fer oligiste, en petites paillettes ou pulvérulent, accompagne habituellement ces porphyres,
soit en contact immédiat soit dans un rayon plus
ou moins circonscrit, avec tous les caractères d'une
sublimation, ce qui doit faire rapporter le fer oligiste du lias et du keuper à l'époque de l'apparition de l'ophite. L'aspect de cette roche varie
beaucoup suivant que le feldspath, l'amphibole et

le diallage sont en plus ou moins forte proportion, les uns par rapport aux autres, et suivant que les cristaux de feldspath sont plus ou moins déterminables. Toutes les espèces se décomposent à l'air, et donnent lieu à une croûte de quelques millimètres d'épaisseur, d'une teinte jaunâtre aisément désagrégeable, et dont il est facile de séparer, par l'analyse mécanique, une partie des minéraux constituants, surtout le fer oxydulé et le fer oligiste. Lorsque le feldspâth est la partie dominante, la décomposition devient plus profonde, et par places la roche se change en kaolin plus ou moins blanc et pur, suivant la proportion du fer oxydulé et du fer oligiste, comme à la filature de laines d'Ahaxe dans la vallée de Lecumberry, et à Carrica-Gaïstoa, près Baigorry. Les environs de Dax, de Salies, de Briscoûs, de Biarritz, de Saint-Pée, de Villefranque, d'Espelette, d'Itxassou, de Baigorry, la vallée et les environs de Saint-Jean-Pied-de-Port, offrent de nombreux exemples de la manière d'être et des diverses espèces de ces porphyres remarquables, dont il manque une bonne description en rapport avec l'état de la science.

PARIS. — IMPRIMERIE DE FAIN ET THUNOT,
IMPRIMEURS DE L'UNIVERSITÉ ROYALE DE FRANCE,
Rue Racine, n° 28, près de l'Odéon.

www.ingramcontent.com/pod-product-compliance
Lightning Source LLC
Chambersburg PA
CBHW071320200326
41520CB00013B/2835